U0156459

万物 **HOW IT**
丛书 **WORKS**

不可思议的
地球

万物编辑部 编

机械工业出版社
CHINA MACHINE PRESS

地球，作为我们的家园，孕育了我们以及其他所有的生命，它有很多奥秘等着我们去探索。本书以精美的图片、通俗易懂的文字向小朋友们介绍了我们赖以生存的这个不可思议的地球。从壮丽的山脉、浩瀚的海洋到一望无际的沙漠，从绚丽的极光、神奇的闪电到席卷一切的龙卷风，从沉睡的火山、极具破坏性的地震到见证历史的化石，地球以它的千姿百态向我们打开了一扇通往科学的大门，走进这扇门，让我们一起探索这些自然现象背后的秘密！

图书在版编目（CIP）数据

不可思议的地球 / 万物编辑部编. — 北京：机械工业出版社，2019.10（2024.6重印）
（万物丛书）
ISBN 978-7-111-63994-7

Ⅰ.①不… Ⅱ.①万… Ⅲ.①地球—青少年读物 Ⅳ.①P183-49

中国版本图书馆CIP数据核字（2019）第233056号

机械工业出版社（北京市百万庄大街22号　邮政编码100037）
策划编辑：黄丽梅　责任编辑：黄丽梅
责任校对：姜玉霞　责任印制：孙　炜
北京华联印刷有限公司印刷

2024年6月第1版第7次印刷
215mm×275mm·4印张·2插页·57千字
标准书号：ISBN 978-7-111-63994-7
定价：69.00元

电话服务　　　　　　　网络服务
客服电话：010-88361066　机　工　官　网：www.cmpbook.com
　　　　　010-88379833　机　工　官　博：weibo.com/cmp1952
　　　　　010-68326294　金　书　网：www.golden-book.com
封底无防伪标均为盗版　机工教育服务网：www.cmpedu.com

目 录

河流

地球上有很多河流，它们或浩浩荡荡、气势磅礴，或蜿蜒细流、静静流淌，那么河流是如何流动的呢？又是如何将生命从源头带到海洋？

　　河流起源于山川地区，是由雨水或泉水汇集而成的，这些泉水来自渗入地表之下的地下水。河流刚开始是小小的溪流，被称为支流，它们迅速流过 V 形的山谷，越过各种岩石地形和岩石边缘，形成瀑布。这是河流行程三个阶段中的第一个阶段，被称为上游或初期。

　　到了第二阶段，即中游或成熟期，许多支流将汇合在一起，形成构成河流的主要水体。这个阶段的河流以中速蜿蜒流过狭窄的洪泛区（河流两侧平坦的土地，当连续的洪水导致沉积物沉积在河岸上时，就会形成洪泛区）。

　　当河流沿河道前行时，它携带着由岩石、石头、沙子和其他颗粒组成的负载物。当河流携带的这些物质冲刷河岸时，会对河岸造成侵蚀。根据负载物的大小，负载物以四种不同的方式沿河道向下游前进：最大的物质颗粒在河床上滚动；滚沙是较小的颗粒，颠簸着前进；更细的物质通过悬浮液移动；溶于水的物质通过溶液移动。

　　河流的最后阶段是下游，有时被称为河流"老年期"。下游时，河流的速度已经大大减小，它穿过宽阔的洪泛区向大海进发，最后到达河口，并最终在那里注入海洋。因为河流在河口水速骤减，所以在河口沉积了大量负载物，从而形成三角洲。

当河流沿河道前行时，
它携带着由岩石、石头、沙子
和其他颗粒组成的负载物。

◀ 对于植被和野生动物而言，河流是极其重要的自然资源。

沙漠

乍一看，沙漠是一片贫瘠的荒地，实际上它充满了神奇的生命和独特的地形。

北非的撒哈拉沙漠是世界上最大的炎热沙漠。

　　沙漠覆盖了地球陆地表面积的五分之一，它对人们有强大的吸引力。以非洲西南部的纳米布为例，它被认为是世界上最古老的沙漠之一，已经干燥了长达 100 万年。纳米布沿着贫瘠的骷髅海岸到达大海，骷髅海岸是以沙丘上的沉船残骸命名的。

　　纳米布是一个炎热的沙漠，夏季温度可达 30~40 摄氏度，但沙漠中也可能会很冷，例如，南极洲被冰覆盖的大陆是地球上最冷的沙漠。

　　沙漠是一个平均降雨量较少的地方，每年降雨量不超过 0.5米，有些沙漠几个月甚至几年都不下雨。

　　地球上大部分炎热的沙漠都位于赤道两边 30 度的低纬度区域内，例如非洲广阔的撒哈拉沙漠。巨大的气环流使空气在这些纬度区域下降并受热，抑制了地表对流作用，难以降雨。

　　纳米布和阿塔卡马是寒流（本格拉寒流和秘鲁寒流）旁边的海岸沙漠，寒流会使沙漠上面的空气冷却，冷空气容纳的水分更少，所以减少了附近温暖地方的降水。这些沙漠是地球上最干燥的沙漠，它们大部分水分来自沙漠中的雾，这种雾是由热空气在寒冷的海洋上方凝结而成的。

　　中亚和澳大利亚的一些沙漠位于大陆内部，因此，潮湿的

纳米布沙漠的终点是大西洋边的骷髅海岸。

不同的沙漠气候，生长的野生动植物变化非常大。
像撒哈拉这样的炎热沙漠常年保持高温。

海洋空气在到达这些地方之前就已经失去了大部分的水分。

不同的沙漠气候，生长的野生动植物变化非常大。像撒哈拉沙漠这样的炎热沙漠，常年保持高温，雨水稀少。白天温度可达 49 摄氏度，但晚上可能会下降到 −18 摄氏度。晴朗的天空使热量在日落后迅速散失，所以小型哺乳动物一般在黄昏时分出来觅食。植物主要是长着坚韧枝叶的灌木。

在半干旱的沙漠里，比如美国大盆地沙漠，温度很少低于 10 摄氏度或高于 38 摄氏度。多刺的植物，如杂酚油灌木在这里茁壮成长。

靠近寒冷的大洋海岸，沙漠夏季温度很少会高于 24 摄氏度，而年降雨量只有 13 厘米。

沙漠植物的根部靠近地表并长着多肉的贮水茎，用以收集雨水。有些蟾蜍在暴风雨时会在洞穴里休眠好几个月。

近年来，沙漠生态系统被越野车辆、钻井和采矿等人类活动破坏了。由于气候变化导致的更高温度可能增加火灾的危险，还可能会使水坑干涸，这些都威胁适应干旱的野生动植物。

日本的富士山是世界上风景如画的火山之一。

山脉

你知道山脉是怎么形成的吗?

山脉是高耸于地球表面之上的巨大地貌特征,由一个或多个地质过程(板块构造、火山活动和/或侵蚀)引发而成。一般来说,山脉可以分为四类——褶皱山、断层山、冠状山和火山,有一些地方会有共存的现象。

地球上的山脉占陆地面积的 25% 左右,而在亚洲,山脉占陆地面积 60% 以上。山地是地球上 12% 的人口的家园,它们不仅有美丽的景色,是人类的休闲之所,同时地球上有一半以上的人依靠从山上流出的淡水来补给生活用水。山脉中还有难以置信的多种生物,其独特的生态系统层次取决于海拔和气候。山脉最令人惊奇的事情之一就是,它们看起来虽然坚不可摧,但其实它们总是在变化中。与板块构造(褶皱和断层)相关的活动形成山脉的速度非常缓慢,数百万年来,相互作用从而形成山脉的地壳板块和岩石圈每年持续向上抬升 2 厘米,这意味着山脉在生长。我们熟知的喜马拉雅山脉每年大约长高 1 厘米。

形成山脉的火山活动会随着时间的推移而逐渐减弱。富士山是日本的一座活火山,自公元 781 年以来共喷发了 18 次。菲律宾的皮纳图博火山在 20 世纪 90 年代初喷发,而在此之前并没有喷发的记录,这次火山喷发是 20 世纪第二大的火山喷发。不活跃的火山山脉以及所有其他类型的山脉也会受到侵蚀、地震和其他地质运动的影响,这些地质运动会极大地改变它们的外观以及周围的景观。历史上,受冰川作用影响形成了很多山峰。例如,阿尔卑斯山的马特洪峰就是典型的角峰,它的山顶光秃秃的,接近垂直,被称为金字塔峰或金字塔角。

海拔 4478 米的马特洪峰傲然屹立在瑞士 – 意大利边境上。

冰山

这些巨大的障碍物是如何形成的？

冰山是冰川的一部分，当它与冰川脱离时，它就变成了冰山。当冰川到达海岸时，它慢慢与大陆架相连，形成冰架。海水的潮汐运动加上冰架的绝对重量，会产生使冰变得脆弱的冰裂缝，这导致冰层碎片断裂并漂走。这种"断裂"被称为崩解，而"碎片"被称为冰山。

人们只能看到海平面以上冰山的一小部分，而因为浮力的

原因，冰山并不会下沉。当物体的密度小于液体的密度时，物体就会在液体中漂浮。漂浮在液体中的物体受到向上的浮力，大小等于物体排开液体的重力。与其他固体不同，冰的密度比形成它的液体密度小。当水被冻结时会结晶，由于结晶时水分子的排列方式变了，从而降低了它的密度，使它能够在水面上漂浮。

冰山看起来是静止的，但实际上它们在海上非常缓慢地移动

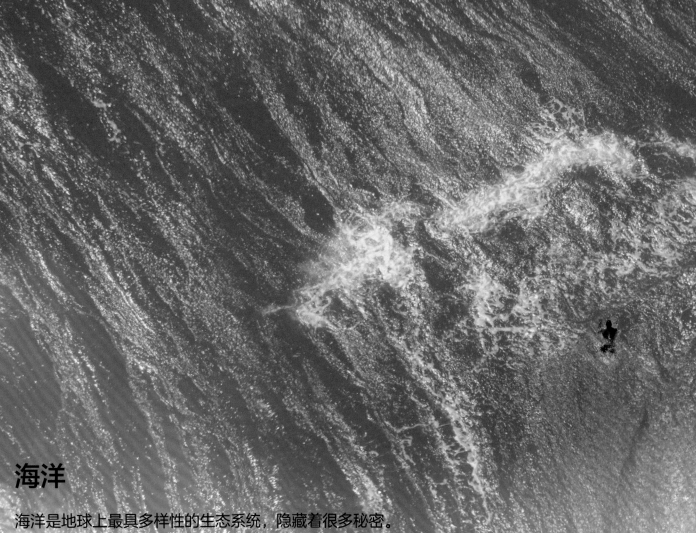

海洋

海洋是地球上最具多样性的生态系统，隐藏着很多秘密。

很多人都知道，超过 70% 的地球表面积被水覆盖，而海洋中的水占这些水量的 95% 以上。这些巨大的水体维持着从大到小水中各种动植物的生命，在我们的生态系统和大气中循环。海洋看上去似乎是无敌的，但它是如何实现这一切的呢？

关于地球上的水是如何形成的，目前有一些理论，包含许多不同的影响因素。第一种理论是由内向外的模式，即早先地球形成的水与其他矿物处于共存状态，后来由于火山活动而到达地表。第二种理论是，水是以蒸汽的形式存在的，当地球冷却时凝结成水。第三种理论是水的外来理论，他们认为水的一

部分来自外太空，来源于小行星或彗星中的冰。不管哪个理论是正确的，地球上第一个永久海洋被认为是在 38~43 亿年前形成的。

我们现在所知道的海底地图是地质构造运动的结果。海洋地壳漂浮在一层被称为地幔的熔融岩石上。海洋地壳被分成几个板块，由于对流的作用，它们不断地移动，相互分开或消失在某个板块之下。在板块分裂带区域，海洋地壳下面的岩浆从板块分裂带中涌出，岩浆冷却、硬化并形成新的大洋地壳，这使得海洋以惊人的速度增长，有时每年超过15厘米。

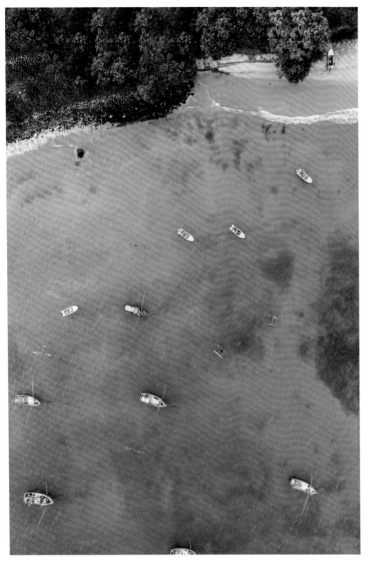

深不见底的蓝色不仅代表着美丽和巨大的资源，同时也代表着十分危险。

没有人知道还有多少种海洋生物有待发现。

如今科技高速发展，我们不可能不去思索海洋里还有什么。

地球上四大洋中的水体都是相互连通的，它们通过一系列的大洋环流实现循环。大洋环流有两种类型：海面环流和深海环流。受地形和科里奥利效应的影响，海面环流会被风卷起。科里奥利效应是由于地球自转而存在的一种力。这种力也会影响海洋中的水体，产生大规模的水漩涡，被称为涡流。涡流在主要的海洋盆地周围循环。

而深海环流的变化主要是由海洋盆地深处的水温和盐度造成的，称为温盐环流。来自两极咸而冷的水密度相对高，所以会沉到海底并沿着海底滑动。从北极流出的水向南通过大西洋，流向印度洋和太平洋，在那里它遇到温暖的海水时会变热。因为它比不咸的热水密度小，所以它会上升，而当它最终到达极点并冷却下来时，会再次下沉。据估计，完成这条全球海洋输送过程需要 1000 年的时间。

水的循环将氧气和营养物质输送到海洋各处。它还携带着大量的水分和热量环绕着地球，影响着地球的气候。

如果没有大洋环流来调节到达地球表面不均匀的太阳辐射分布，气候会变得更加极端。

大洋环流活动产生的一个极为重要的气候现象就是厄尔尼诺现象——每隔几年的 12 月，秘鲁海岸就会出现一股温暖的海洋表层海水。这一变暖过程实际上是一个更大的海洋过程的副产品，该海洋过程被称为厄尔尼诺 - 南方振荡——一种与海洋和大气有关的自然气候现象，其可能对全球天气产生广泛影响。阳光照射下的海洋表面被称为照光层，跟陆上光合作用是食物链的基础不同，照光层的浮游生物利用光线为许多海洋物种提供可供选择的食物，然后较小的鱼为较大的捕食动物提供食物，由此能量的转移被传送到海洋生物圈的各个层。

照光层的下面是弱光层，在这里光线逐渐减弱到非常昏暗，光合作用已经不可能再发生了。弱光层的下面是深度黑暗的深海层，大约位于海平面以下 1000 米。比弱光层更深的是海洋最底部的深渊层，这是一个能压垮一切的深度。

海沟的水域被称为超深渊层，这个深度的水域是我们无法想象的，漆黑、冰冷和极大的水压。然而在那里，许多令人惊讶的生命却在逆境中生存下来。在最深处——马里亚纳海沟深处——压力超过每平方厘米 1.2 吨，这相当于一个人试图举起 50 架巨型喷气式飞机时需要承受的压力！

由于地质构造运动，海沟及其周围的区域存在着巨大的排泄管道，这些管道会从地球内部喷涌出富含化学物质的水。由于细菌的存在，可利用化学合成形成食物链的基础，因而排泄水域中充满了独特的物种。细菌利用排泄水域中的硫化氢、氧气和二氧化碳制造糖，为体型较小的排泄水域居民提供营养。这些营养物质被纳入到食物网中，很快，排泄口就会随着生物增多而活跃起来。

海洋的平均深度超过了 3.7 公里，因此我们也就不难理解为什么我们对外太空的了解比我们对地球海洋的了解还要多了。海洋学家除了把无人潜水器和潜水艇送下去探查深海之外，还开发了许多不同的方法对这个巨大的水下世界进行勘察。例如，可以使用声波绘制海底地图，声波在水中以每秒 1500 米的速度传播。回声测深仪、后向散射仪和声速剖面仪都可用于准确探测海床的深度、形状和成分。

海洋取样的其他方法包括盐度和温度剖面，通过将仪器沉入到深海，再把它们升到海面上，可以得到更多有关海洋细节的图表。也可以通过钻取岩心样本，拖网捕捞有机物等方式进行海洋取样。

在轨人造卫星配备了各种传感器，将许多不同的海洋变量传回地球进行分析。例如，海面温度、海气相互作用、海浪、洋流和海冰模式都可以从远处观测。还有一些监测系统使用漂浮在海洋中的浮标持续测量海洋运动，这种技术在海啸预警方面尤其有效。

关于海洋还有太多的东西要去探索，如今科技高速发展，我们不可能不去思索海洋里还有什么。在奇妙的海底世界，还有很多秘密等着我们去发现。

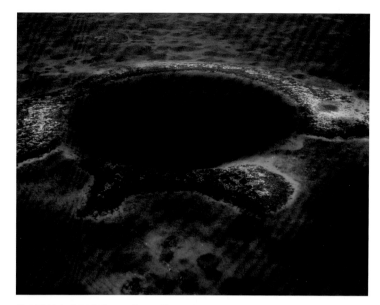

伯利兹的大蓝洞宽约 300 米，深约 124 米。

旧金山盐池因盐度变化而变色。

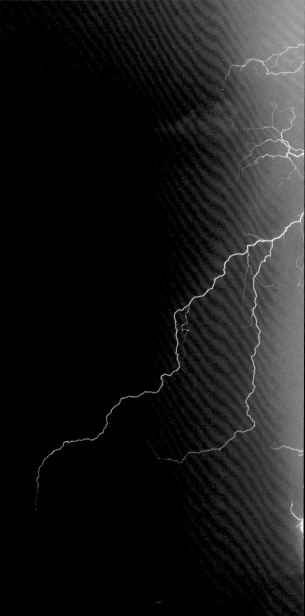

闪电

闪电能破坏空气的电阻，是一种易于看到的放电现象，能造成很大程度的破坏。

闪电发生在当云的某一区域获得过多的电荷（正电荷或负电荷）时，电荷的强度足以破坏周围空气的电阻。这一过程通常是由云层上部正电荷的中心区域、云层下部负电荷的中心区域和云层底部少量正电荷的中心区域之间的初始击穿引起的。

云中的不同电荷是由水滴在其内部急速降温至冰点，然后与冰晶碰撞而产生的。这一过程中微小的正电荷转移到较小的冰晶颗粒上，负电荷转移到较大的冰水混合物上，而前者在上升气流中上升到顶部，后者在重力作用下下降到底部。该过程的结果是云的上下部分逐渐实现申荷分离。

电荷的极化形成了部分电离气柱——中性原子和分子转变

非洲肯尼亚马赛马拉野生动物保护区上空的云对云闪电。

由于过电区域之间存在巨大的电位差，
闪电回击可将电流保持在 30000 安培并达到 30000 摄氏度。

这个先头部队的每次回击都会通过空气向上和向下击打电离通道 3~4 次，比人眼能够感知的速度快。

此外，由于过电区域之间存在巨大的电位差（通常从 1000 万伏到 1 亿伏不等），闪电回击可将电流保持在 30000 安培并达到 30000 摄氏度。通常，先导电流在 10 毫秒内到达地面，回击电流在 100 微秒内到达闪电发生的云底。

然而，闪电不仅发生在云（通常是积雨云）和地面之间，也发生在云和云之间，甚至发生在同一云体内。事实上，大部分的雷击都是云和云之间或云体内的雷击，在云和云之间或云体内部的正负电荷区域之间形成放电通道。此外，许多闪电都发生在地面上空的高层大气中，这种放电现象与对流层闪电不同，它们又被称为瞬态发光现象。

尽管雷击的频率很高，而且它们还蕴含巨大的能量，但科学界目前为获取雷击能量所做的努力却毫无结果。这主要是由于现代技术无法在如此短的时间内接收和储存如此巨大的能量，每一次雷击只需几毫秒的时间就可以放电。阻碍闪电作为能源使用的其他问题包括其时有时无的性质（虽然能够两次撞击同一地点，但很少如此），以及很难将雷击产生的高压电能转换成可商业储存和使用的低压电能。

闪电不会两次击中同一个地方的说法是错误的。

龙卷风

龙卷风具有摧毁城市的力量，让我们一起探索龙卷风背后的科学。

有些龙卷风有多个漩涡，如堪萨斯州的这个。

每年大约有 1200 场龙卷风在美国登陆，大多数龙卷风发生在被称为"龙卷风巷"的区域，该区域以得克萨斯州、俄克拉荷马州和堪萨斯州为中心。

具有令人难以置信的破坏性的龙卷风是摩尔龙卷风。2013 年 5 月 20 日下午 2 点 56 分，摩尔龙卷风在俄克拉荷马州纽卡斯尔附近着陆。它在地面上停留了 40 分钟，扫出一条横跨该州长约 27 公里的路，最宽的地方达到 2.1 公里。风速超过每小时 322 公里，在龙卷风等级中处于最高等级，即增强藤田级数 EF5 级。这个级别的龙卷风可造成彻底的破坏，多层建筑被完全摧毁，房屋从地基上被撕裂，沥青从道路上被拉扯起来。

北美拥有独特的地理位置，为暴风雨和龙卷风的形成提供了条件。落基山脉沿着大陆的西侧从北向南延伸，当风吹过落基山脉时，风会变冷并通过雨和雪的方式失去水分，在高海拔地区产生凉爽干燥的空气。当这样的空气与墨西哥湾温暖湿润的空气结合时，水蒸气凝结而形成风暴云，该过程释放出大量的能量，导致大气不稳定。

2013 年 5 月 20 日，俄克拉荷马州发布了极端天气警报，极地急流越过落基山脉进入南部大平原，同时低压空气系统移到中西部地区。不同海拔处风速的差异（被称为风切变）导致空气旋转，在水平漩涡中循环，并与湿气和大气不稳定地结合。在下午 2 点，发展成了包含持续旋转中气旋的雷暴。

强大到足以产生龙卷风的中气旋经常导致冰雹。暖空气的上升气流把水滴带到大气中，水滴在被寒冷的气流带到下面之前就被冻住了。如果水滴再次陷入上升气流，它们将重新冻结

起初它是比较弱的 EF0 级旋风……但在 10 分钟内它就增强为 EF4 级。

并增加一层新的冰。这个过程重复几次，就产生高尔夫球大小甚至更大的冰雹。随着雷暴的加剧，俄克拉荷马州冰雹肆虐。

如果有足够的上升气流收紧中气旋的中心涡，中气旋就会开始扭曲而形成强大的垂直风柱。向内和向外的气流使中心的压力下降，形成龙卷核心。在龙卷核心，因压力降低而吸入更多的空气，导致气柱向地面延伸。

下午 2 点 40 分，俄克拉荷马州发布龙卷风警报，16 分钟后，破坏摩尔城的龙卷风降临。起初它是比较弱的 EF0 级旋风，只能对屋顶瓦片、树木和排水沟造成轻微的损坏，但在 10 分钟内它就增强为 EF4 级。EF4 级龙卷风的破坏性极强，其风速高达每小时 322 公里，在通往摩尔城的路上，它严重毁坏了一座桥，并在奥尔家族农场杀死了近 100 匹马。

进入城市后，风暴增强到 EF5 级——龙卷风的最高等级，使许多建筑物变成瓦砾。然后风暴失去了峰值强度，恢复到 EF4 等级，但风暴的强度还是造成了巨大的破坏：13500 所房屋被毁或损坏，影响了 33000 人的正常生活，24 人死亡，数百人受伤。

在那之后龙卷风继续减弱，到下午 3 点 35 分，在摩尔市以东约 8 公里的地方，龙卷风最终消散。

海啸

海啸是地球上最具破坏性力量的自然灾害之一，它造成灾难性的屠杀、树木的连根拔起、建筑物的夷平和生命的消逝。

海啸是通过海底地震、水下或海岸滑坡或火山爆发等释放大量能量的复杂多阶段过程形成的。

海啸形成过程的第一阶段开始于地震或行星撞击引发的地质构造向上推力瞬间造成大量的海水移位。海水移位引起了一系列简单的渐进振荡波，这些振荡波从震中开始通过不断扩大的圆圈在深海中传播。由于脉冲传播的能量很高，振荡波很快就开始加速，并达到令人难以置信的800公里/小时的速度。然而由于水深的原因，振荡波的速度是看不见的，这是因为它们的波长很长，可以延伸到100~200公里之间。而振荡波的振幅（浪高）很小，通常只有30~60厘米。波长很长加上振幅很小，这就意味着它们在浮出海面时非常难以被监测到。

一旦海啸发生，海啸的波浪就会持续加速和增强，最后到达陆地。随着陆地开始向海岸线倾斜，海洋的深度开始逐渐减小。海床的倾斜对高速海啸波起到制动作用，通过水和上升地面之间的巨大摩擦降低海啸波的速度。海啸波速度的急剧下降——通常将海啸的速度降低到原来速度的十分之一——也会缩短其波长，并将其聚在一起从而增加其振幅（浪高），沿海水域可能会被迫在10分钟内升高到正常海平面以上30米。

随着海平面高于大陆架（大陆沿岸土地在海面下向海洋的延伸），海啸所携带的振荡运动被转移到该水域，并被压缩。这些振荡波在附近水的压力下被推向海岸，造成一系列极快的海水上升，能够把汽车、树木、建筑物和人推动很长的距离。事实上，海啸造成的破坏中，很大一部分是由海水上升引起的，而不是随后而来的巨浪。

然而，随着海啸的加速，海啸的高振幅波继续变慢，并聚集成越来越少的巨浪。巨浪在海岸线上5~10米的高度爆发，释放出其储存的能量造成巨大的破坏。

由于海啸造成的严重危害，对其成因的研究和追踪在20世纪和21世纪都有所增加。目前，世界海洋由多个海啸检测和预防中心监测，如位于夏威夷檀香山的美国国家海洋和大气管理局（NOAA）运营的太平洋海啸预警中心（PTWC）。

太平洋海啸预警中心成立于1949年，利用一系列的海啸监测系统收集地震和海洋学数据，并通过卫星连接将信息传输给其他监测机构。太平洋海啸预警中心是美国两个监测太平洋的中心之一，它负责探测和预测即将到来的海啸的规模和目的地。

在过去的一个世纪里，随着建筑技术和材料的发展，海啸预防也取得了进步。现在，在日本的西海岸等容易发生海啸的地区，沿海度假胜地和港口都安装了大型海堤、人工深海屏障、紧急升高的疏散平台和集成电子警告标志以及电喇叭。

过去受海啸侵害的地区也安装了物理警告标志，并有特定的疏散路线，这能最大限度地让大量人员迅速回到内陆。然而，尽管海啸易发区域已得到保护，提前警告也已经取得许多进步，但因为海啸具有能深入内陆的性质，偏远或欠发达的地区仍经常受到影响。最近一次比较严重的海啸是2004年的印度洋灾难性海啸，那次海啸夺去了20多万人的生命。

由于脉冲传播的能量很高，振荡波很快就开始加速。

▲ 印度尼西亚苏门答腊海啸的毁灭性后果。

▶ 2004 年的海啸袭击了泰国海岸。

干旱

干旱是一种气候现象，有时也会产生可怕的后果。

　　对于那些依靠常规降雨来养活植被、动物和大量人口的地区，干旱可能是毁灭性的，但在世界一些地区，比如在非洲大陆的赤道附近，炎热、干燥的天气是非常正常的。这些干旱的气候是由地球大气中的空气循环模式造成的，称为哈德利环流。

　　在这种天气系统中，赤道强烈的阳光照射会引起温暖潮湿的空气上升。随着空气的上升，它再次冷却，形成一个低压系统，这将导致整个地区有规律的雷暴。在这些雷暴之上，急流（一种流经地球上层大气的气流）将空气带向高纬度地区，直到最终降落到赤道以北和以南的热带地区。当空气落下时，产生了一个高压系统，就具备了发生干旱的条件，所以该地区遍布大小沙漠。

　　空气运动的微小变化可能导致不寻常的，有时是灾难性的天气活动，如洪水和干旱。例如，如果通常在北半球热带地区下降的空气被急流带到更远的北方，这会给欧洲带来更长的高压期。这可能导致降水量低于该地区的预期平均水平，从而引起一段非季节性干旱期。

　　尽管使用了先进的天气预报模型，但专家们只能在一个月内预报干旱，这使各国很难为对抗干旱做好准备。

极光

走近极光，见证大自然神奇的光影秀。

极光是地球上最神奇的自然景观之一，也被称为北极光和南极光，是在极地高纬度地区产生的自然发光现象。极光的特点是形状多种多样，颜色五彩缤纷，出现的时间时长时短。

极光并非超自然现象，它是来自太阳的高能带电粒子与地球极地上空高层大气（电离层）中的原子碰撞的结果。碰撞时，高能带电粒子的能量瞬间释放，形成壮观的极光现象。

极光是由带电粒子与氮原子碰撞电离而产生的，即氮原子获得一个电子，氧原子和氮原子从激发态返回到基态，发射光子（光量子）。光子发射的路径和结构由地球磁力线的方向决定，带电粒子沿磁力线漏斗状下降并加速，因此极光位于南北两极附近。

我们可以通过研究极光的颜色来确定天空中排放气体的类型，氧气排放产生绿色或褐色的极光，而氮气排放则产生蓝色或红色的光。

太阳风轰击电离层，形成壮观的极光现象。

在许多国家，包括冰岛和挪威，都能看到极光。

极光可以持续几分钟到几小时，这取决于天气条件。

地 质

火山

在世界各地，沉睡的巨人们静静待在那里等待他们
大爆发的到来。

　　把地球想象成一个巨大的、成熟的橘子。在薄而不甚光滑的果皮
下面是一层厚厚的果肉和果汁，其中 90% 是液态的。地球的表层被称
为岩石圈，是易碎的岩石外壳，厚 75~150 公里，覆盖在巨大的半液
态炽热岩浆形成的海洋上，岩浆延伸到地表以下 5000 公里。

　　当德国气象学家阿尔弗雷德·魏格纳在 1912 年正式提出他的"大
陆漂移"理论时，人们认为他疯了。一块巨大的坚硬岩石，如亚洲或
非洲，怎么可能漂移？正如我们现在所知，坚实的大陆被分割成 7 个
主要板块和 7 个次要板块，这些板块永远地互相碰撞，就像水面上混
乱的浮标一样。

　　这种永久性地质构造运动是地球熔融地幔中的巨大对流引起的，
地幔对流缓慢地将岩浆向上和向外推送。无论上升的岩浆是如何突破
薄岩石圈的，它都被称为火山作用。绝大多数火山并不喷发、变化也
不剧烈，它们通常是沿着 60000 公里的水下矿层（被称为中海脊）慢
慢冒泡的岩浆锅。

　　洋中脊就像一个开放的渗出伤口，位于两个大洋板块分离的部位。
这些板块被缓慢而稳定的地幔对流相互拉离，它们之间的空隙不断地
被数千个未知的水下火山填满。当这些水下熔岩冷却时，就创造了覆
盖地球表面 60% 的新海底。

　　先把橙子的比喻放一边，把地壳想象成机场里巨大的可移动走道。
走道从地板下面出来，经过一段设定好的路线，然后又回到地下。沿
洋中脊的发散板块边界是地球"移动通道"的起点。分散的板块沿着
这条岩浆传送带传送，每年只传送 3~4 厘米，直到它们遇到一个向另
一个方向移动的板块。当两个板块汇聚时，一定会有物质喷涌而出。
世界上最大和最致命的火山以及 90% 的地震都发生在板块汇聚的边
界。最典型的例子是环太平洋火山带——环绕太平洋经常发生地震和
火山活动的地区。环太平洋火山带是一个巨大的俯冲带，海洋板块"俯
冲"到大陆板块之下，在炽热的地幔中熔化成岩浆。

有两种主要的熔岩：帕霍霍火山岩和阿拉瓦火山岩。

海洋沉积物中含有大量的水、二氧化碳、钠和钾。当海洋地壳进入地幔时，这些海内元素降低了周围岩石的熔点，形成了一种气态的、黏性的岩浆。岩浆迅速上升到表面，如果上升的岩浆遇到障碍物——无法穿透的厚层固体岩石，它会聚集在地表以下。随着更多气态、易挥发的熔融物质从下方向上推，形成更大的压力。然后有一天，砰！爆发了！之前的等待只是要找到阻挡它的岩石上的一个薄弱点来进行突破而已。在圣海伦斯山上，一场滑坡将山北侧的一些岩石清除了，从而削弱了阻挡沸腾岩浆的向下的压力。这导致了一场灾难性的爆发，产生了一个巨大的火山碎屑喷涌，形成一堵由灼热的流态化气体、碎片和灰烬构成的墙，在方圆500平方公里的区域内蒸发了所有物质。一些最著名和破坏力极强的火山都位于环太平洋火山带：印度尼西亚的坦博拉火山、菲律宾的皮纳图博火山、危地马拉的加格沙努尔火山、马提尼克的培雷火山……杀手火山的名单还在继续。目前世界上已知的500多座活火山中有400多座位于俯冲带边界上。

但并非所有著名的火山都是极块俯冲作用的结果，夏威夷群岛的热点火山就形成于板块内部。地幔中的强对流将岩浆推向地壳，在整个地球的某些"热点"中，岩浆对流能够以极小的阻力将岩浆渗出地表。

把夏威夷群岛下面的热点火山想象成一大管牙膏。挤压管子，一小团浆糊就形成了夏威夷第一个岛屿——考爱岛。当海洋板块向西北方向移动几百公里时，把管子放在同一个地方，再次挤压管子，就形成了第二个岛屿——瓦胡岛。现在夏威夷群岛仍然坐落在岩浆泵的上方，不断喷发的火山吸引世界各地的游客前往观赏。

火山喷发的强度和持续时间主要取决于岩浆上升到地表的一致性以及阻止岩浆到达地表的障碍物强度。板块俯冲形成的火山爆炸性极强，因为其岩浆中充满了来自海底沉积物的气泡和二氧化硅。高硅含量使岩浆更加黏稠并防止气泡轻易逸出，其结果就像摇晃一瓶苏打水，当压力释放时，砰！爆炸了！

1902年，培雷火山爆发，它是最致命的火山之一。

1980 年圣海伦火山爆发，喷出的火山灰高达 24 公里。

当熔岩流与水相遇时，
会得到可爱的圆形熔岩生成物。

　　而夏威夷群岛的热点火山其高流动性岩浆是由低硅含量的玄武岩形成的。这种岩浆的"水"性质使气体很容易逸出。在最初相对平静的火山喷发之后，夏威夷火山喷出了熔岩喷泉，并形成了巨大的、像河流一样缓慢流向大海的岩浆流。

　　夏威夷的莫纳罗亚火山、基拉韦厄火山和茂纳凯亚火山是世界上被研究得最多的火山，这也是为什么不同种类的熔岩被冠以夏威夷名字的原因。帕霍霍火山岩是一种高流动性的玄武岩熔岩，其表面光滑而黏稠。阿拉瓦火山岩是一种较厚的熔岩，携带大块火山碎屑，如熔岩块和火山弹，使它以缓慢的锯齿状流动，当冷却下来形成非常粗糙的纹理。

　　当熔岩流与水相遇时，会得到一些可爱的圆形岩石，被称为枕状熔岩。如果新冒出来的岩浆与水相遇，那么会更具爆炸性。

　　海水的汽化或"蒸汽爆炸"会喷发出大量的岩石碎片和火山灰，但熔岩很少。当岩浆与冰川相遇时，会产生巨大的火山灰云，火山灰云可使横跨欧洲的航班停飞数周。这样的火山喷发产生的火山灰并不是点燃篝火时会进入眼睛的松软的物质。火山灰颗粒是极其坚硬、锯齿状的岩石、矿物和玻璃碎片，直径可达 2 毫米。

　　火山爆发的影响既有局部的，也有全球性的，既有短期的，也有长期的。每小时 150 公里的火山爆发可以在几秒钟内摧毁整个城市，而大规模的火山灰风暴可以彻底阻挡太阳光，使地球表面温度下降数月甚至数年。1815 年印度尼西亚坦博拉火山爆发，将大量火山灰喷入全球大气，造成了 1816 年成为"没有夏天的一年"，这也是 1816 年纽约约 6 月飞雪的直接原因。

尼泊尔加德满都在 2015 年地震后遭到破坏，造成近 9000 人死亡。

地震

地震是破坏性极强的自然灾害，我们如何针对它做好预警和准备呢？

地震是地球上最具破坏性的自然力量之一，它能将整个城市夷平，引发巨大的海啸并冲走沿途的一切，造成毁灭性的生命损失。

地震的巨大杀伤力源于它的不可预测性，一场巨大的地震几乎不会发出任何警告，也不会给附近的人逃往安全地点的时间。

地球最薄的一层表面被称为地壳，被分成几个板块，这些板块都在不断地运动。这是因为地核发出的巨大热量，在地壳下方地幔的软流层中产生对流，从而使板块向不同方向运动。

当板块运动时，它们沿着板块边界碰撞、分裂或滑动，在大多数地震发生的地方形成断层。板块边界分为三种类型：离散型、汇聚型和守恒型。在离散型板块边界上，板块漂移分开而形成裂谷和洋中脊的正断层。

地震发生前，
预警系统会提供几秒钟
或几分钟的准备时间。

在汇聚型板块边界，板块相互移动时，会形成一个逆断层，要么碰撞形成山脉，要么俯冲到另一个板块之下。在守恒型板块边界，两个平行板块相互滑动，形成相对滑动断层。

如果能够识别这些断层带，我们就能知道地震最可能发生的地方，可以给附近的城镇提供准备的机会。虽然地震的副作用，如滑坡和气体管道爆裂引发的火灾等可能是致命的，但地震期间死亡和破坏的主要原因通常是建筑物倒塌。因此，在发达地区，靠近断层带的建筑物通常被建造或改造成具有抗剧烈冲击波的能力。

断层带周围的居民通常会定期进行抗震演习，如加利福尼亚州的抗震演练，这样的活动给了人们练习在地震发生时迅速找到掩护体的机会。然而许多贫困地区无法做好充分的准备，因此当地震发生时，造成的破坏往往更严重，死亡人数通常要多得多。

掌握地震发生的原理知识以及新技术能帮助我们找到预报下一次地震何时发生的可行方法。目前，科学家们可以通过研究地震活动的历史，并探测沿着断层带的压力积聚位置，对地震发生的时间做出一定的预测。但这只能提供非常模糊的结果。最终目标是能够可靠地提前警告人们即将发生的地震，使人们能够做好准备，并将生命和财产损失降到最低。在此之前，对于那些生活在板块不断运动的断层带上的人们来说，不断承受随时可能发生地震的威胁是他们日常生活的一部分。

道路和桥梁经常被损坏或完全毁坏。

地震往往会引发海啸，从而引发更多的问题。

1960 年瓦尔迪维亚地震是有史以来最强烈的一次。

化石

化石破除了我们对地球上生命起源和进化的一些不正确的传统观念，帮助我们了解过去在地球上曾生活过哪些生物。

　　地球上生命的起源是随着不可逆转的时间箭头向前推动的。远古生命的开端、进化和灭绝都是人类无法估量的，我们的年代表是断裂的，生物树也是不完整的。尽管今天地球上的生命多样性令人敬畏，有些动物甚至能生活在最极端的环境中，尽管人类每天都在努力了解生命的起点和终点，但经过了漫长的地质时期后，我们在地球上能看到的只是曾经生存过的生命的一小部分。

　　在不断变化的环境、世界末日级的灭绝事件和无处不在的自然选择力量的驱使下，拥有五只眼睛的神奇生物、拥有30厘米尖牙的凶猛掠食者和两倍于双层巴士大小的巨大生物早已不复存在，它们被数亿年的时间掩埋。不过，这些生物并没有完全消失。在过去的两百年中，科学家和古生物学家通过利用地球的大自然过程和现代技术，已经开始解密地球生命之树，并通过发现和挖掘化石（保存在地壳中的遗迹和过去生命的痕迹）将生命的拼图拼了起来。

　　动物的化石可以由多种方式产生，但通常是当新近死亡的动物被沉积物迅速掩埋或浸入缺氧的液体中时产生。化石有保护生物部分遗体的效果，一般是更硬、更坚固的部分，如它的骨骼，在地壳内部通过原始的、鲜活的方式保留下来。由于腐烂的速度较快以及被沉积物或液体包裹时所含矿物质的侵入，动物较软的部分往往无法保留下来。这一过程可能会留下曾经生活过动物的外表和形象，但不会留下其残骸。

　　生物化石往往是根据其生存的环境条件来确定的，而这些环境条件本身就是地球地质历史上特定时期的象征。例如，某些种类的三叶虫（一种已灭绝的海洋节肢动物）化石只在特定岩层（通过数百万年的矿物沉积形成的沉积岩和火成岩层）中出现，其本身可通过其材料和矿物学成分来识别。这使古生物学家可以推断出动物生活和死亡的环境条件（热、冷、干、湿等），并结合放射性年代测定法，断定化石年代或是时期，以便更好地描绘这些曾经在地球上漫游的生物。

亚利桑那州发现的侏罗纪早期的各种恐龙足迹。

像鹦鹉螺壳这样的化石可以让我们深入地了解史前生命。

挖掘和分析任何已发现的化石都是一个具有挑战性、耗时的过程。

通过在多个层次上研究地层和所含化石，以及通过古生物学和系统遗传学的结合（研究生物群之间的进化相关性），科学家可以绘制出动物在地质时间尺度上的进化图。例如某些恐龙物种向鸟类的转变。科学家们可以通过地层和放射性年代测定法测定和分析诸如始祖鸟（一种著名的恐龙／鸟类过渡化石）之类标本的年代，以及记录它们的分子和形态数据，然后绘制出它们在地层中进化的图表。此外，通过这种方式跟踪记录化石，读取沉积物的组成和结构数据，古生物学家还可以将地球物理／化学变化归结于任何一个动植物群的上升、下降或转变。例如，白垩纪－第三纪灭绝事件在沉积地层中通过物种多样性的急剧下降（特别是非鸟类恐龙）以及死亡植物和浮游生物的钙沉积

增加而被确认。

挖掘任何已发现的化石，并对其进行年代测定和分析，都是一个具有挑战性、耗时的过程，需要特殊的工具和设备。这些工具包括镐、铁铲、泥铲、搅拌器、锤子、牙钻甚至炸药。在准备移除和运输任何已发现的化石时，所有古生物学家都遵循公认的学术方法。首先，将化石部分地从沉积基质中分离出来，然后被包裹、标记、拍照和报告。接下来，使用距化石 5~8 厘米远的大型工具移除上覆岩层（通常称为覆盖层），然后再次拍照。接着根据化石的稳定性，用刷子或气雾剂在化石上涂一层薄薄的胶水，以加强其结构，然后用一系列的纸、泡沫和麻布包裹。最后，将化石运至实验室。

洞穴

巨大的洞穴是怎么形成的?

世界各地还有大量的洞穴有待开发。

洞穴可以在任何地方形成,无论是在地表、水下甚至是山里。事实上,任何一块岩石都有可能变成洞穴,因为洞穴是由侵蚀造成的,而侵蚀可以通过多种方式发生。

溶洞是最常见的一种洞穴,通常由石灰岩或石膏等岩石构成,这类岩石在水中的溶解速度比其他岩石快。雨水在落到地面之前从大气中吸收二氧化碳,二氧化碳与雨水混合形成碳酸,而碳酸是溶解岩石的关键成分,特别是在有裂隙的地方。

进一步的侵蚀和崩塌将这些裂缝变成隧道和洞穴的通道。一旦水碰到无法溶解的岩石,它就会留在洞穴底部或者从一个洞流出,重新开始整个侵蚀过程。

洞穴结构中最不可思议的构造是钟乳石和石笋。钟乳石是从洞顶垂下来的尖尖的碎片。含有二氧化碳的雨水在流经岩石的过程中溶解碳酸钙形成碳酸氢钙溶液。一旦碳酸氢钙溶液到达开阔的空间,碳酸钙就会重新凝固。所以当水沿着石灰岩滴落而硬化时,就会形成钟乳石。石笋也是由碳酸钙组成的,但是如果水在变为固体之前滴落下来,石笋就会从洞穴底部向上生长。

水下和地上洞穴的形成方式相似。岩石反复受到自然力的攻击,如海潮、风或沙等。这种攻击会逐渐侵蚀岩石,形成一个不断变大的凹痕,直到形成一个洞穴。

沙子

不论在海滩还是沙漠，我们都能见到很多沙子，
那么它到底是什么呢？

　　无论是漫步沙滩时覆盖你脚面的沙子，还是用来建造一座
宏伟城堡的沙子，都是由很多不同的成分组成的。

　　沙子最常见的成分是岩石中的矿物，岩石被名为风化作用
的自然过程所分解，而风、雨、冰的冻结和融化又会把岩石的
碎片进一步碎裂成细砂粒。因此，沙子的类型通常是由附近的
岩石类型决定的。当你在一个热带海滩上时，那么沙子很可能
也含有海洋生物的外壳和骨骼，这些外壳和骨骼是被海浪侵蚀
并冲上岸的。

动 物

灵长类动物

灵长类动物除了猿类之外还有很多，对于讲述动物世界而言，它们是个不错的开端。这个多样化的群体还包括一些非常奇特的动物，比如人类。

红毛猩猩大部分时间生活在树上，主要以水果为食。

超过 1000 只山地大猩猩生活在野外，而且数量仍在增加。

一组群居的猴子。

目前已知有560种灵长类动物，主要生活在热带雨林中。

灵长类动物是一种能用手脚抓握的哺乳动物，具有非常出色的视力和相比身体尺寸而言巨大的大脑。大约6500万年前，在恐龙灭绝之前，它们由类似松鼠的树栖动物进化而来。灵长类动物有很多种类，包括狐猴（只生活在马达加斯加）、懒猴、长尾猴和猿类等。大约3300~7000万年前，一些猿类完成了从非洲到南美洲史诗般的迁移，它们可能借助由植物形成的天然"木筏"上漂流过去的。在南美洲它们进化成新大陆猴，也是该大陆唯一的灵长类动物。留下来的无所畏惧的猴子变成了旧大陆猴——有尾巴的猴子和没有尾巴的猿。

目前已知的灵长类动物约有560种，大部分生活在热带雨林中。灵长类是非常成功的哺乳动物，即使不考虑地球上占统治地位的主要物种人类是灵长类动物这一事实，其他灵长类动物仍然遍布世界的热带地区：从中美洲湿润森林到干旱的非洲大草原，从刚果盆地的沼泽到海拔5000米的埃塞俄比亚高原。

在热带雨林中，灵长类动物占食果动物的40%（按体重计），它们的偏好对当地植物进化产生了重大影响。举例来说，香蕉和桔子是由猴子来完成种子播撒的，因此随之进化出的果皮很难剥开，除非你有与其他手指相对的拇指。

灵长类动物比其他同样大小的哺乳动物活得长，部分原因是它们能够联合起来抵御捕食者。不过，它们的繁殖速度比较慢，幼崽对父母的依赖时间比其他动物都要长。灵长类巨大的大脑需要时间来充分发育，以达到最大潜能。一旦发育成熟，它们的大脑就充满了关于环境及其众多危险的知识。

尽管大多数灵长类动物的饮食都包括水果，但也有许多灵长类动物专门吃其他食物。比如狐猴吃树叶，狨猴剥开树皮吃下面的树胶，而指猴有一个细长的中指，会像啄木鸟一样把昆虫从树上抠出来吃掉。

大象

说起大象，我们似乎立刻就能想到它们巨大的样子，但其实它们也是非常敏感的动物。

大象是世界上最大的陆地动物，非洲雄性大象平均有 5 吨重。它们进化成如此巨大的体型是为了保护自己不受捕食者的伤害，几乎所有使大象显得如此与众不同的特性都是由这种巨大体型产生的。大型哺乳动物没有足够的皮肤表面积来释放多余的体温，所以大象通过扇拍它们巨大的耳朵来充当散热器。大象头部重量巨大，不可能长一个长脖子，所以大象进化出了象鼻，既能伸出去够枝叶，又能伸到地上喝水。

大多数哺乳动物站立时腿关节半弯，这样从静止状态加速更容易。大象只有把腿骨像柱子一样排成一条直线才能支撑体重。人类是唯一和大象腿部做法相同的哺乳动物。有些人认为大象的踝关节并没有闭合，所以它们不会跳。如果它们尝试跳跃，所产生的冲击力将有造成严重伤害的风险。这也是大象无法飞奔起来的原因。但它们有一种奇怪的半慢跑步态，前腿跑而后腿走得很快。

大象过去被归为厚皮动物，与犀牛和河马混为一类。科学家们现在将大象和已经灭绝的猛犸象归为一类，即长鼻目。现在生活着三种大象：非洲草原象、非洲森林象和亚洲象。所有的大象都受到保护，但偷猎大象一直是一个非常严重的问题。

大象覆盖耳朵的皮肤薄如纸张，
富含血管。

海洋巨兽

海洋中的巨兽如此巨大，
连恐龙都相形见绌。

开阔的海洋是一个极其危险的生存之地。没有树可以藏，没有洞穴可以躲。死亡在三维空间包围着你，比你大的一切都是捕食者。为了生存下去，你必须要有办法。对某些物种来说，这意味着要过一种大数量的群居生活。而对另一些生物来说，就是要变得巨大才能活得安全。

小鱼吃更小的鱼，小鱼被更大的鱼或其他动物吃。在每个尺度的等级中，对比小一些的动物，自然选择更钟爱较大的动物。在数百万年的时间里，动物身体往往会逐渐增大，直到它们太大而无法进入任何生物的口中。

在海中增大比在陆地上增大更容易，这是因为水的浮力均匀地围绕在动物身体周围，而不是仅仅通过脚底支撑。例如，如果一头非洲象长得比十吨还重，那一定会压断它的腿。而一头蓝鲸在出生 3 个月后就能长到这个重量。

海中巨兽可以凭借更小的骨骼生存，它们的骨骼不需要那么强壮，这是因为他们不需要承受太多的冲击负荷。但是，水的密度也带来了一些困难。在水中移动比在空气中移动困难得多，因此流线形的体形是必要的。蓝鲸的长度是宽度的 60 倍，而河马只有 3.5 倍。鲸身体的后三分之一部分肌肉提供动力来驱动 7.5 米长的尾巴上下弯曲。为什么没有天敌的动物需要以每小时 32 公里的速度游动？一个原因是，这样的速度让藤壶难以附着。

座头鲸可以群居数年甚至一生。

虎鲸为了呼吸把身体抬离水面。

　　具有讽刺意味的是，像鲸这样大的动物会受到像藤壶这么小动物的威胁，这是因为如果鲸体外被较多的藤壶附着，额外的阻力会极大地增加游动所需的能量。

　　食物是所有大型海洋生物生存的限制因素。光不能照射到深水处，所以没有草场供大型海洋食草动物觅食。而海洋像是稀薄的汤，偶尔会有大块肉在里面漂浮。你可以追逐大块肉的食物，但要捕获它们你需要更多的能量，这就意味着你需要更多的食物。

　　这些海洋中体型巨大的动物发现，吞下"汤"反而更有利。"汤"是单细胞生物、鱼苗和虾等浮游生物的混合物。浮游生物太小，不能逆流游泳，所以这只是把它们从水中挑出来的问题。狮鬃水母几乎不消耗能量就可以做到这一点。狮鬃水母通过摇摆缓慢地向上游动，然后放松像降落伞一样飘落下来，同时它的触角像毛发一样向外翻滚，覆盖很广的区域，猎物会被它的刺细胞刺穿。

　　大多数大型鲸，连同鲸鲨和蝠鲼，都采取了一种更为积极的策略：要么快速游入一团密集的浮游生物群中，要么大口吞下它们，然后用由改进的牙齿或鳃条制成的纤维网过滤它们。不同的动物有大小不同的过滤网，可以捕捉特定大小的浮游生物。

　　鲸和鲸鲨只捕获相对较大的磷虾和螃蟹幼虫。半吨磷虾含有约45万卡路里，热量相当于1吨巧克力的十分之一，而成年蓝鲸每天需要3.5吨磷虾。

　　体型巨大的动物都会保护它们的幼崽，给幼崽足够长的时间来抵御捕食者。鲸是哺乳动物，所以胚胎在母亲体内发育从而得到保护。大白鲨和蝠鲼已经不像鱼类那样在海床上产卵，而是像哺乳动物一样将鱼卵保留在雌性体内，并以胎生的方式孵化出来。鲸鲨的交配和繁殖从未被观察到，但人们相信它们使用的生殖方式是相同的。即使是太平洋巨章鱼也会保护自己的卵巢直到章鱼幼崽孵化出来。巨章鱼做的最后一件事就是长达一个月的守巢育儿，它一次产下大约10万个章鱼卵后力竭而死！

　　这些大鱼还有其他一些通常是哺乳动物的生物特性。从体型比，大鲨鱼和蝠鲼的表面积并不大，因此它们不会

蝠鲼的宽度超过 6 米甚至更大。

狮鬃水母是目前已知的最大的水母种类。

鲨鱼把牙齿当作一次性武器，
每咬一口就会失去一对牙齿。

损失很多热量。这使它们能有效地保持体温恒定，即使在寒冷的海洋里它们也能保持积极的生活方式。

我们研究最为深入的海洋巨兽都生活在相当浅的水域（200 米以上），水中大部分浮游生物都在那里。但是也有非常大的动物生活在深水，比如生活在永恒黑暗中的乌贼。

像抹香鲸这样以这些乌贼为食并需要呼吸空气的哺乳动物，为了能捕食乌贼填饱肚子，需要潜到 3 公里的深度，而为了呼吸空气，又需要回到水面。往返行程中的压力变化将近 300 个大气压！抹香鲸的肌肉中含有三级结构的肌红蛋白，因而能储存更多的氧气。而且它们的胸腔是柔韧的，在压力下肺部会塌陷，能减少溶解在血液中的氮含量。因此，较年老的抹香鲸的骨骼在反复潜水的压力作用下显示出大量凹坑。

海豚成群结队地旅行，并会帮助任何受伤的成员。

大型猫科动物

说起狮子、老虎这些大型猫科动物，你的第一感觉可能就是害怕吧？那你知道是什么让这些美丽的动物成为杀戮专家吗？

　　大型猫科动物有时被称为大猫，不是一个单一的生物群，包括狮子、老虎、美洲虎、雪豹和花豹以及猎豹和美洲狮。

　　以上三种豹实际上属于三个不同的属，虽然看起来很相似，但它们之间的关系并不密切。但大型猫科动物都是顶级掠食者，它们用出色的伪装藏身、用强大的肌肉捕捉和驱赶猎物。

　　羚羊是大型猫科动物的猎物，当它被追赶时，会用脚尖奔跑，这使它的步幅更长，也就意味着它能跑得更快。

大型猫科动物面临的最大威胁是人类
扩张和偷猎造成的栖息地的丧失。

豹子整天大部分时间都在树上和高高的岩石上休息，在黄昏时猎食。

大型猫科动物面临的最大威胁是人类扩张和偷猎造成的栖息地的丧失。

大型猫科动物不能像羚羊一样奔跑，因为它们有爪而没有蹄，它们需要收缩爪子以保持锋利。为了捕捉有蹄动物，大型猫科动物必须在整个脊柱弯曲的情况下奔跑，这样能拉长有效的步幅。不过，这是一种需要充沛精力的技术，而猫科动物跑不了长距离。

这种特点迫使它们在接近猎物时保持隐秘，在攻击猎物时保持凶狠。一只狼在攻击猎物时会咬一口就撤退，等待猎物流血致死，而美洲狮会跳到猎物背上，一口咬住猎物的脊柱并发出嘎吱嘎吱的声音。

大型猫科动物的吼叫是由它们呼出气时特别拉长的喉壁振动所发出的一种声音，但并非所有的大型猫科动物都能做到。美洲狮、猎豹和雪豹无法发出吼叫声，但它们确实能发出其他各种各样的声音，包括叽叽喳喳声、尖叫和咆哮。

所有的大型猫科动物都能爬树。豹子是最强壮的爬树高手，成年雄性豹子可以把一只幼年长颈鹿拖上一棵近6米高的树。这种技能使大型猫科动物可以保护它们的猎物免受非洲鬣狗和其他群居食腐动物的骚扰，这些食腐动物总是妄图偷吃大型猫科动物的猎物。

猫科动物很容易让人们认为它们很适应这种生活，但事实上，为了捕食而猎杀大型动物是极其困难的，所有食物链顶端的食肉动物都永远徘徊在灭绝的边缘。如果它们不适应野蛮生活，它们根本无法在野外生存。

有些大型猫科动物是独居动物，但有些动物如狮子，则非常善于交际。

猛禽

速度最快、最强壮、最敏捷的猛禽是地球上最熟练的空中刺客，让我们看看它们是如何生存的。

猛禽中有一些是高机动性的近距离空中格斗专家，而另一些则像隐形轰炸机一样在远离地面的高空翱翔。它们在空中、地面和水中发动攻击，是顶级捕食者，处于食物链顶端。

猛禽是食肉鸟类，看起来像有羽毛的恐龙，但它们和其他鸟类没有任何关系。身体上的相似性源于它们共同的肉食生活方式。大多数常见猛禽属于两个家族中的一个：隼形目和鹰形目，包括雕、鹰、隼、鸢、鸢、鹞和秃鹫等；少数属于鸮形目，包括猫头鹰等。

猛禽有两种主要的捕猎方式。一种是在高出地面的地方飞行，同时用极其敏锐的视力扫描目标，然后俯冲或盘旋，无声而突然地攻击。例如鹰更喜欢抓捕猎物并继续飞行，以尽量减少在地面上的时间。海雕，如白头海雕利用这种技术捕捉靠近水面的鱼。鱼鹰在淡水和海洋中捕食，在水面以上 40 米的高度飞行时，能发现水面下的鱼。一旦发现目标，它们先落下几米仔细观察目标，然后迅速俯冲完全潜入水中进行捕捉。它们是很独特的猛禽，它们的鼻孔能让它们在水中活动还能防水。

还有一种是在空中捕食其他鸟类。例如游隼从高空攻击鸽子和水鸟，它们从 4.8 公里高空俯冲而下，速度可达到每小时320 公里以上。

一只巨大的灰色猫头鹰从阴影中出现，扑向它的猎物。

白头海雕是美国的国家标志动物。

白头海雕需要4~5年才能达到性成熟，通常每个季节只产1~2个卵。

在这个速度下，巨大的气压足以使它们的肺爆裂，但是游隼的鼻孔里有一块叫作"结节"的小骨头，可以将大部分气流转移到两侧。虽然游隼理论上是世界上运动速度最快的动物，但俯冲和飞行并不是一回事。拥有最快水平飞行速度的应该是燕隼，因为它能追逐高速飞行的燕子和雨燕。

速度上没有竞争力的物种一般依赖它们卓越的敏捷性，比如林隼属。它们耐心地待在茂密的森林里，用它们极其敏感的听觉聆听附近的鸟儿的鸣叫。当一只鸟经过离它们足够近时，它们就会进行一场短而危险的回旋运动，在鸟逃走之前穿过树枝抓住它。

隼用它们的喙作为武器，有些甚至在上喙上有一颗牙齿，用来折断猎物的脊柱。

然而，对于大多数其他猛禽来说，这种喙只用于从已经倒下的猎物身上撕下大块的肉。为了捕杀，它们要依靠爪子，而爪子的确切形状取决于它们捕猎的动物类型：猫头鹰拥有短而肌肉发达的脚趾，用来扼制老鼠和小型哺乳动物的喉咙，然后用细而直的爪子来保持它们静止；而鹰和鵟的后向脚趾和第一个前向脚趾上有长而弯曲的爪子，可以获得强大的钳制力。鱼鹰甚至可以转动它的爪子，使两个脚趾朝前而两个向后，从而抓住蠕动的鱼。

秃鹫和大秃鹰的爪子是猛禽中最弱的，因为它们的食物基本是腐肉。秃鹫的头是光秃的，这样它们就可以很容易地将整个头插入一个大型动物的尸体中，而不会让羽毛沾上鲜血。

很难判断哪一种猛禽是最大的。安第斯神鹫的翼展最宽，可达3.2米；菲律宾鹰的身体最长，将近1米；而最重的是东北亚的斯特勒海雕，其质量可达9千克。由于猛禽没有捕食者，它们往往活得很长。

金雕在野外能生存25年，在圈养下可以生存46年，菲律宾鹰能在野外生存60年！但随着生育率的降低，长寿命也随之到来。

白头海雕需要4~5年才能达到性成熟，通常每个季节只产1~2个卵。即使不止一个蛋孵化成功，在许多猛禽物种中，最强的幼鸟也会在巢中杀死其他的幼鸟。这使得许多猛禽非常容易受到捕猎或栖息地丧失造成的影响。例如，在印度，每年大约有12万只红脚隼从东亚迁徙到南非，被人非法捕杀。

不过也有保护猛禽成功的例子。游隼在美国被拯救成功，不再是濒危物种。由于有机氯杀虫剂已被禁止，游隼在英国不再受到威胁。

北极动物

在寒冷的北极，有很多野生动物把冰雪世界当作自己的家园，让我们来认识一下它们吧！

北极的极端环境对于人类而言就像是首次着陆外星一样。在北极，白昼和黑夜将会各持续 6 个月，气温最低在 −50 摄氏度以下，只有很少的陆地。

北极终年白茫茫的一片，我们所能看到的 1400 万平方公里的厚厚的冰层几乎覆盖了整个北冰洋，这里气温从来没有高于 −2 摄氏度。北极的天空中经常泛起缤纷的涟漪，那是北极光所闪耀的五彩斑斓的光芒。极光是由高能粒子撞击大气使高层大气分子或原子电离而产生的发光现象。同时，寒冷、稠密的空气和坚硬的冰也可能引起更奇怪的声学现象，使人们能听到 3 公里外的交谈声或其他原来听不见的声音。

但是，在地理北极圈的陆地上，各种非常特别的植物和动物仍然把这片严酷的区域当作家园。这些生物在一个周密平衡、相互依赖的生态系统中繁衍生息。在这个生态系统中，典型的食物链层级并不明显。

北极熊在这个食物链的顶端，它们以海豹、海象甚至鲸等多脂类动物作为捕食目标。在夏季冰层融化时，它们的猎物会

北极狼有两层毛，使它们能
在极端寒冷中保持温暖。

尽管有被北极熊捕食的危险，
但狡猾的北极狐还是会跟着北极熊，
希望能得到免费的大餐。

变得很难捕捉。在这个难以捕猎的季节，所有可食用的物质都
能成为北极熊这种世界上最大的陆地食肉动物的食物，包括鸟
类、浆果和海藻。

　　小型食肉动物位于食物链上北极熊的下面一层，如北极狐、
雪鸮和北极狼獾，它们都吃腐肉，也会自己捕捉猎物。事实上，
尽管有被北极熊捕食的危险，但狡猾的北极狐还是会跟着北极
熊，希望能得到免费的大餐。

　　旅鼠对北极圈的整个生态系统极其重要。它们种群的数量
在一个相当有规律的周期内上下波动。在它们数量的高峰期，
它们是食物链上一层捕食者的丰富食物（如此丰富的食物能让
捕食者养育更多的幼崽），而大量的旅鼠会剥去夏季苔原上的
种子和草，破坏植被。

　　旅鼠四处排泄的粪便被无脊椎动物、细菌和真菌消化掉，
同时也为下一代的植物群落起到施肥作用。因此，夏天的北极

吸引了成群结队的捕食昆虫的动物（如云雀和涉禽），也吸引
了猫头鹰、猎鹰和其他鸟类捕食者前来。

　　然后，旅鼠将无法维持它们的数量，因天敌（猫头鹰等）
的捕杀和疾病，种群数量会呈断崖式下降，从而植被得以恢复。

　　北极圈的气候通常是寒冷和黑暗的，冬天漫长而寒冷刺骨，
夏天短暂而凉爽。与其他地方相比，北极圈的温度变化很大，
从冬季平均为 -40 摄氏度，到夏季某些地方的最高温度超过 30
摄氏度。

　　但北极圈气候变暖是个事实：2012 年夏季，北极圈冰盖
大面积融化，不到 1979—2000 年间夏季冰盖平均覆盖面积的
50%。一些科学家预测：到 2050 年，北极圈的冰层将在夏季完
全融化。

竖琴海豹大部分时间都在游
泳，偶尔在冰上休息。

雪鸮是唯一一种在白天活
动的猫头鹰。

大多数海象群在东西伯利亚
地区出现。

驯鹿在北美和欧亚苔原上繁衍生息。

南极动物

南极的气温终年低于 0 摄氏度，而且寒风刺骨、地形复杂，
南极动物就生存在这种恶劣的环境中。

在南极洲生存的动物必须具有强大的族群恢复能力、
适应能力和良好的保温能力！

极地动物适应环境温度变化的能力是超卓的。有些动物，选择在冬眠中度过冬天；有些动物，在气候变得寒冷时迁移到温暖的地方；还有一些硬核生物，它们进化出既奇妙又奇怪的抵御风暴的方法。

南极的气温终年低于 0 摄氏度，动物要想在这里生存，身体的适应性是抵御寒冷的关键因素。许多啮齿类动物在夏季会大量繁殖，以便有足够的脂肪储备过冬。有些动物，已经进化出厚厚的皮毛，而皮毛会随着季节的变化而改变颜色，为它们提供保暖和伪装保护。

新陈代谢的变化可以让生物在各种各样的情况下生存下来，也可以让体内的化学物质发生惊人的变化，就像冰鱼一样，它的血管里有防冻物质。然而，在寒冷中生存并不是为了适应季节变化。

南极沙漠生态系统中的动物，必须在日夜气温波动巨大的极端条件下生存下来，并进化出应对这种极端条件的方法。

在地球生态系统的最底层，生存是艰难的。在南极洲生存的动物必须有强大的种群恢复能力和适应能力，最重要的是要有良好的保温能力！食物也是一个关键因素，许多南极洲的居民非常擅长捕猎，因为保暖需要大量的能量！

全身都是脂肪的海豹能够抵御海洋的寒冷，许多海鸟生活在南极洲周边的岛屿上。这些岛屿的资源很丰富，许多海鸟季节性地来这里繁殖和觅食。

为了在最严酷的冬天中生存下来，威风强壮的帝企鹅有其独特的方法，这是大自然无情的"适者生存"法则的最生动证明。

◀ 一只小帝企鹅会整整一个月
和它的父母待在一起取暖。

▼ 南极毛皮海狮栖息在阿根廷附近的一个
小岛上，这时刚好有信天翁飞过。